獣医師が考案した
長生き犬ごはん
安心・簡単・作り置きOK！

著：林 美彩（獣医師）　監修：古山範子（獣医師）　　世界文化社

難しく考えず、気軽に、愛情たっぷり！
手作り食をはじめましょう。

手作り食の本がたくさん販売されるようになりました。
でも、「どれを参考にしたらいいかわからない」、
「写真がおしゃれすぎて、作るのが億劫になってしまう」、
「炭水化物を使っても大丈夫?」、などと
悩んでしまう方が多いように思います。

確かにきれいに盛りつけられている食事も、ワンコに
とっては意味のないもの。見た目が不格好でも、
体のベースアップが図れるのであれば、問題ありません。
また、がんを患っている子の場合、炭水化物の糖質が
「がん細胞」の栄養源となり、がんの進行を早めてしまう
恐れがあるので摂取量は抑えたほうがいいのですが、
健康な子ならば多少与えるのは問題ありません。

本書では、ファスナー付きのプラスチックバッグで
小分けにしたり、1回分ずつプラスチック製保存容器に分ける
作り置きも推奨しています。完全手作り食だと栄養バランスが
怖いという場合は、半手作り食という形でドライフードに混ぜ
てあげるのもいいでしょう。

手作り食は長く続けてこそ意味があるものです。
最初から頑張りすぎると途中で飼い主が疲れて
億劫になる場合があるので、無理のない範囲で
作ってみてください。難しく考えず、愛情たっぷり、
楽しく続けていただくことが大切です。
まずはオーソドックスなものから作ってみましょう。

著者　林　美彩

監修　古山　範子

Contents

手作り食をはじめましょう。…2
著者：林 美彩×監修：古山範子 SPECIAL TALK！…6
本書の使い方…10
栄養バランスは保たれていますか？…12
与える分量を知りましょう…14
季節に合ったもの、旬のものをワンコに！ それ自体が「薬膳」の考え方です…16

PART.1　季節のレシピと犬ごはんの基本…17

基本の作り方…18
春のごはん…20
夏のごはん…24
秋のごはん…28
冬のごはん…32
土用のごはん…36
いつもの犬ごはんにトッピングを足そう‼…40
毒出しスープにトライ！…42
手作り食に足りない栄養素はサプリメントで…44
おやつだって手作り食に…46
絶対に避けたい食材…48

COLUMN　大根おろしを活用しよう…50

PART.2　ワンコの食事・健康Q＆A…51

「ドライフード」より「手作り食」のほうがいいのですか？…52
愛犬が手作り食を食べてくれません。…54
手作り食にしたら、下痢をしました！…55
10kgの子には2倍の量をあげればいいですか？…56
毎日同じ食材を使ってますが、大丈夫？…57
犬の消化を促進する方法はありますか？…58
歯みがきって必要ですか？…60
手作り食にしてからウンチが変わりましたが、大丈夫？…62

ワンコの脱水を予防するにはどうすればいいですか？…64
手作り食にして痩せてしまいました！…66
愛犬は老犬です。手作り食に替えても大丈夫でしょうか？…67
うちのワンコは重度の疾患を患っています。避けたほうがいい、積極的に摂りたい栄養素は何ですか？…68
自分に手作り食が作れるかどうかわかりません。…70
犬が授乳中です。手作り食はどうすればいいですか？…71

COLUMN 亜麻仁油を手作り食にひとかけ…72

PART.3　愛犬のための手作りごはん体験記…73

CASE1　愛犬が太っていて、健康的にまずは3kg痩せさせたい！…74
CASE2　カサカサの皮膚炎！　薬に頼らず痒みを減らしたい…76
CASE3　大型犬なのでシニアに向けて今やるべきことを知りたい！…78
CASE4　長期的な皮膚炎！　シニアなのでなるべく薬を使いたくない！…80

COLUMN 定期的に与えたい食材…82

PART.4　ハレの日の"映え"レシピ…83

お正月　鏡餅風犬パン…84
ひな祭り　お内裏様とお雛様のおにぎり…88
七夕　天の川さわやかゼリー…92
十五夜　れんこん餅＆大根餅…96
ハロウィン　カラフルクッキー…100
クリスマス　フレンチトースト風ケーキ…104
お誕生日　押し寿司風ケーキ…108

ワンコの適正体型を把握しよう！…112
体調CHECKリスト…114
旬の季節を知る食材表…116
食のコミュニケーションで、愛犬も飼い主ももっと幸せに！…126

本書編集ページに掲載されている商品は、原則として本体価格であり、2019年12月1日現在のものです。税込価格は消費税率8％もしくは10％を本体価格に加算した金額となります。
本体価格や店舗情報は諸事情により変更されることがあります。また、掲載した写真の色や素材感が、実際の商品と若干異なる場合があります。あらかじめご了承ください。

著者:林美彩×監修:古山範子

SPECIAL TALK!

元気で長生きするためには

1 いつも健康状態を把握する
2 愛犬の変化を見逃さない
3 本来の食の力を信じる

―本書は東洋医学（薬膳）がベースになっているんですね。

古山　はい。季節や体質に合わせて犬の食事を替えられるのが、薬膳の手作り食のいいところです。

林　薬膳には「五性」（温性、冷性など）に分類された食材があります。愛犬の体調に合わせて選び、バランスを調えられるので、どんな子にも対応できるんです。

古山　食べ物によってその子の、分泌物・排泄物が変わってきます。合っていないと、排泄物がツーンと臭かったりしますので、その子に合った食材を選んでいくことが大事です。

―春夏秋冬や季節の変わり目で食事を替えるって大事ですか？

古山　日本には四季があるので、その時々の「旬」を食べることが基本です。人間にも同じことがいえると思います。

林　例えば、寒くて体が冷えているときに「冷性」を与えると、余計、体を冷やすことになります。逆にラム肉（熱性）は夏に与えると、熱がこもりがちに。冬に与えたほうがいい食材です。

古山　熱心な人ほど、1回「コレ」と思ったら、その食事を貫こうとしますが、もっと融通を利かせることが大事だと思います。

林　犬の食事を作ることで、四季を知り、自分たちの食生活も豊かになるはずです。

古山　手作り食って「離乳食」に近いかもしれません。または孫に手作り食を与える感覚に近いですね。どちらにしても家族の一人として、難しく考えず、あげることが肝心です。

―犬はもともと何でも食べるのでしょうか？

古山　犬は雑食寄りの肉食動物。歯や消化管のつくりも炭水化物を消化するための構造ではなく、たんぱく質の消化を得意とするつくりになっています。

林　近年はペットフードの多様化によって、炭水化物を与えることも多くなりましたが、犬の祖先は肉食動物です。現在は穀物が含まれているフードを食べている子も多いため、祖先に比べれば、多少なりとも消化管構造にも変化がある可能性もありますが、人間よりもたんぱく質が必要だということに変わりはないです。

古山　たんぱく質は手作り食の鍵。まずは肉か魚かのメインを決め、野菜を足していく感じですね。

林　野菜にも五性があるので、しっかり選び、野菜本来の持つ力を信じてほしいですね。ただ、犬は野菜の消化が苦手です。すべてみじん切りにして、消化しやすいようにしてあげましょう。

古山　前述しましたが、調子がいつもと比べておかしいなと感じたときは、すぐに獣医師に診てもらってほしいですね。犬は人間の4〜5倍のスピードで生きているので、"その1日"が命取りになる場合も。

林　そうですね。病院でも「あと1日早く来てくれたら……」と思うことが何度もありました。便の変化、痩せていく、水を飲まないなど何か変化があったら、軽視しないですぐにかかりつけの獣医師に診てもらうことが大事ですね。

古山　とはいえ、病気を治す薬と食べ物とは、本来根源を同じくするものであるというのが東洋医学の考え方です。食事こそ健康の第一歩なので、手作り食はおすすめです。

長生き手作り食のための5要素

1. 犬の食性＝雑食寄りの肉食であることを理解し、たんぱく質をしっかり与えること
2. 添加物を避けること
3. 適度な運動、体重管理をすること
4. 義務感ではなく、楽しんで取り組むこと
5. たくさんの愛情をそそぐこと

Misae Hayashi

Noriko Furuyama

食べさせ方3箇条

1. 消化に負担がかかる野菜などは細かくする
2. 消化酵素が働きやすい人肌程度にして与える
3. 飲水量が減る冬時期は食事で水分補給を

HOW TO USE THIS MANUAL
本書の使い方

春のごはん

春は「肝」が弱る季節。

植物が成長するように、春は動物たちのエネルギー量もどんどん上がるため、体の熱が上半身にこもりやすく、顔周りの疾患が起きやすい季節でもあります。「肝」の働きを整える食材を積極的に取り入れ、デトックスを促してあげましょう。また、年間を通して、食後にマッサージ(P.58〜59)を行い、エネルギーを循環させてあげるのもポイントです。

Recipe 1日分(2食) 5kgの場合 計389kcal

- 豚もも肉 160g (217kcal)
- アスパラガス 30g (7kcal)
- パプリカ 30g (9kcal)
- ご飯 50g (84kcal)
- かぼちゃ 50g (55kcal)
- かぶ 70g (14kcal)
- しいたけ 1個 (3kcal)

食材の分量は5kgの小型犬の1日の摂取カロリー

まずは肉・魚の量（かさ）を決め、野菜・炭水化物を足していくといいでしょう。また、ワンコの年齢、運動量、消化能力、おやつの有無などでも変わりますので、まずは記載量の6〜7割の分量から始め、食べ方や体調などの様子を見て、「増やす」、「減らす」を決めてください。

肉、野菜もその日で替えてOK！

1日分(2食)を作る場合は、1食分は冷凍保存すれば1週間は持ちますので、夜は別のレシピで手作り食を与えるのもいいでしょう。食材はP.116〜を参考にしてください。

消化をよくするために刻みましょう

ワンコは野菜の消化が苦手なので、できるだけ刻んで細かくしましょう。フードプロセッサーがあれば、活用してください。「きのこ類がそのまま便で出てきた！」場合は、大きすぎる証拠です。消化のために細かくしてあげましょう。ミキサーでどろどろにすれば、流動食にも！

Point
A かぶ、かぼちゃ、アスパラガス、しいたけは、先に中火でコトコト煮込む。
B 残りの野菜→ご飯→豚もも肉の順に入れて煮えれば完成！

調理方法は多彩に！

調理方法はあくまでも一例です。豆乳や山羊ミルク、しじみ汁、昆布水を加えるもよし、とき卵で卵とじ風にしてもよし。ゼラチンで固めて煮こごり風に、片栗粉または葛でとろみをつけるのもいいでしょう。また、ひきわり納豆、大根おろしなどのトッピング(P.40〜)も活用してみてください。

ふむふむ

5大栄養素が犬には必要です

栄養バランスは
保たれていますか?

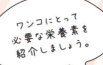

ワンコにとって必要な栄養素を紹介しましょう。

1

たんぱく質（アミノ酸）

毛、皮膚、爪、筋肉、腱、靭帯、軟骨などを作るアミノ酸を供給するのがたんぱく質。ホルモンや免疫物質生成の材料にもなります。

2

脂質

3大栄養素（たんぱく質、脂質、炭水化物）の中で1g当たりの熱量が高く、主に熱源となります。脂肪の摂取は体温維持に役立つほか、脂溶性ビタミン（A・D・E・K）の吸収を助けたり、必須脂肪酸を供給したりします。

3

炭水化物（糖質＋食物繊維）

炭水化物は即効性のエネルギー源になります。不足するとエネルギー不足で疲れやすくなりますし、過剰に摂取すると肥満を招き、さまざまな疾病につながります。がん疾患の子は、注意が必要です。

4

ビタミン

ビタミンには水溶性ビタミンと脂溶性ビタミンがあります。水溶性ビタミンはビタミンB1（チアミン）、B2（リボフラビン）、B3（ナイアシン）、B5（パントテン酸）、B6（ピリドキシン）、B7（ビオチン）、B9（葉酸）、B12（コバラミン）、コリン、ビタミンCに分類されます。脂溶性ビタミンはビタミンA（レチノール）、ビタミンD（カルシフェロール）、ビタミンE（トコフェロール）、ビタミンKに分類されます。脂溶性ビタミンを過剰摂取すると体内に蓄積され、中毒や副作用を生じることがあるので注意が必要です。

5

ミネラル

ミネラルも体調を整える役割があります。必要量は極めて微量ですが、なくてはならない栄養素です。ただし、ミネラルの過剰摂取は害があるものが多いことを忘れてはなりません。

＼Plus／ 水分

水は体液平衡をつかさどる重要な成分です。新鮮な水をいつでも飲めるようにしておくのが私たちの務めです。1日に必要な水の量（ml/日）は、体重（kg）×0.75乗×132mlといわれていますが、必要な水分量＝飲水量ではありません。実際、健康な犬の1日の飲水量は体重（kg）×50〜60ml程度で、体重（kg）×100mlを超えると多飲の症状となり、病気の可能性も。また、食事内容や季節によっても飲水量は変化します。現在どのくらい水を飲んでいるのかを把握し、目安を知ることが大切です。

はじめての手作りごはん
どのくらい作ればいい?

与える分量を知りましょう

毎日カロリーを計算するのは不可能に近いので、愛犬の体重によって
メインとなるたんぱく質（肉または魚）を決めましょう。
炭水化物は少なめに。

たんぱく質 約1：野菜1〜2：炭水化物 0.5
（がん疾患の場合は炭水化物の量を減らし、その分たんぱく質をプラス）

食事量の割合（5kgの子を1とした場合）

1kg	0.3
2kg	0.5
3kg	0.7
4kg	0.8
5kg	1
6kg	1.1
7kg	1.3
8kg	1.4
9kg	1.6
10kg	1.7
15kg	2.3
20kg	2.8
30kg	3.8
40kg	4.7
50kg	5.6

Advice

これはあくまでも「目安」です。犬によって胃の許容範囲や消化能力、運動レベルなどで食べる量が変わります。まずは目安の量の6〜7割程度を与えて、体調や体重、血液検査の変化などを見ながら、量を増減してみてください。逆に運動の多い成犬は、全体を1.2倍にしてもOK。ドライフードやウェットフードと併用する場合は、減らした分と見た目で同じくらいの量をトッピングしてあげてください。トータルでバランスがとれていればOKです！

季節に合ったもの、旬のものをワンコに！
それ自体が「薬膳」の考え方です

食材には五性(熱性、寒性など)があります。季節を問わず、体調・体質に合わない食材をなんでもかんでも与えすぎると、五臓に負担をかけてしまいます。逆に、旬のものは栄養価が高いので、積極的に取り入れましょう。食は毎日のこと。それが365日続くのです。「医食同源」の言葉があるように、医も食も健康を保つためで、源は同じ。日本の四季折々の食材を使いながら、少しだけ薬膳の考え方をプラスすることで、健康と幸せな時間をワンコと共有できます。

春は「肝」の季節
「気」の滞りを改善し、血流を促す緑黄色野菜をふんだんに！

夏は「心」の季節
体に余分な熱を溜めない食材を摂りましょう！

秋は「肺」の季節
「肺」に潤いをもたらすような乾燥から守ってくれる食材を！

冬は「腎」の季節
精を補い、水分バランスの調整を心がけて！

土用は「脾(ひ)(消化器)」の季節
土用は季節の変わり目。消化器に負担をかけない食事を！

まずは押さえておきたい！

PART.1
季節のレシピと犬ごはんの基本

HOW TO MAKE BASIC
基本の作り方

1 野菜と水250〜300mlを鍋に入れる。

2 中火で煮る。

保存方法は……

1週間ほどで与えきりましょう

冷凍保存
1食分ずつに分け、冷めたら冷凍庫に。

にこごり
寒天4〜6gを水で溶かし、2分間沸騰させたら、粗熱を取り、容器に入れて具が均一になるよう整える。

※粉寒天はそのまま入れても構いません。

「面倒くさい！」と思っている方もいるかもしれませんが、実はとっても簡単。人間が食べる雑炊や具だくさん味噌汁と同じ要領です。鍋ひとつでできるので誰でも手軽にできます。

野菜が煮えたらご飯を加える。
ご飯を指で潰すと簡単に崩れるまで煮込む。

肉を加え、
煮えたら、冷まして完成！

2〜3日以内に
与えきりましょう

冷めたら冷蔵庫に入れる。

春のごはん

3〜5月
Mar-May

春は「肝」が弱る季節。

植物が成長するように、春は動物たちのエネルギー量もどんどん上がるため、体の熱が上半身にこもりやすく、顔周りの疾患が起きやすい季節でもあります。「肝」の働きを整える食材を積極的に取り入れ、デトックスを促してあげましょう。また、年間を通して、食後にマッサージ（P.58〜59）を行い、エネルギーを循環させてあげるのもポイントです。

Recipe 1日分（2食） 5kgの場合 計389kcal

- 豚もも肉 160g （217kcal）
- アスパラガス 30g （7kcal）
- パプリカ 30g （9kcal）
- ご飯 50g （84kcal）
- かぼちゃ 50g （55kcal）
- かぶ 70g （14kcal）
- しいたけ 1個 （3kcal）

21

> **Point**
>
> **A** かぶ、かぼちゃ、アスパラガス、しいたけは、先に中火でコトコト煮込む。
>
> **B** 残りの野菜→ご飯→豚もも肉の順に入れて煮えれば完成！

DAILY CARE

春のスイッチ食材帖

※肉を魚に替えるとたんぱく質やカロリーが足りない場合が出てきます。
変更するときは（かさ増しやプラス食材も同様）、
ワンコの食べ具合・便の状態・体重の変化を見ながら、適宜増減してください。

肝臓ケア

豚もも肉 ⇒ たら160g

グルタチオンが豊富なので
肝臓の解毒作用をサポート。

腎臓ケア

豚もも肉 ⇒ 牛ヒレ肉160g

リン含有量を減らして
腎臓の負担を軽減します。

心臓ケア

豚もも肉 ⇒ かつお160g

EPA・DHAで血液サラサラ。
鉄分補給で貧血対策も。

皮膚ケア

豚もも肉 ⇒ さばの水煮缶160g（可食部）

さばの水煮缶にはEPA・
DHAが豊富です。

湯通し
しましょう

「血液中のALT（GPT）などの数値が高くて肝臓が心配」、「昔から心臓が弱め」、「皮膚アレルギー気味で……」などのワンちゃんは食事のケアが肝心です。予防医学的な考えに基づき、季節や体質・体調に応じて食事に変化を与えましょう。

※ぽっちゃりの子と食が細い子に関しては個体差がありますので、目安が難しく、量を記載していません。その子の体調、体重の増減を見て調節してください。

胃腸ケア

かぶ（さいの目） ⇒ すりおろしに

すりおろすことで消化の負担を軽減することができます。

ぽっちゃりの子には

かぼちゃ ⇒ 豆腐でかさ増し

カロリーを抑えつつ満腹感もUP！

食が細い子には

かぼちゃをプラス

炭水化物を増やして摂取カロリーを増やします。

\ Plus /

シニアの子には

豚もも肉 ⇒ 生鮭160g

EPA・DHAは神経の流れを整えるので、脳の健康にも役立ちます！

スイッチ食材

夏のごはん

夏は「心」に負担がかかる季節。

6〜8月
Jun-Aug

蒸し暑さの影響で、体に熱がこもりやすく、熱中症や脱水症状を起こしがちです。また人間と同じように、体内の水分が減ると血液がドロドロになり、心臓に負担がかかってしまいます。まずは、カロリーは比較的高めでも炭水化物の摂取量を抑え、しっかりと水分を摂りつつも、余計な水分は出していく食事を心がけましょう。

Recipe 1日分（2食）　5kgの場合　計404kcal

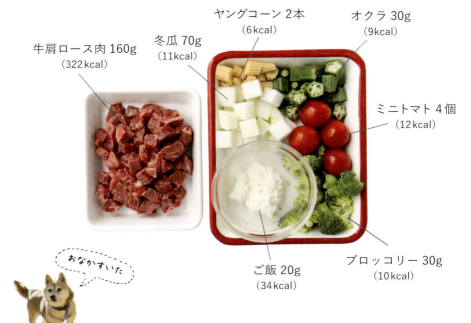

牛肩ロース肉 160g（322kcal）
冬瓜 70g（11kcal）
ヤングコーン 2本（6kcal）
オクラ 30g（9kcal）
ミニトマト 4個（12kcal）
ご飯 20g（34kcal）
ブロッコリー 30g（10kcal）

おなかすいた

25

> **Point**
>
> A 冬瓜は最初に煮つめる。
> B ミニトマト以外の野菜→ご飯→牛肩ロース肉の順に煮込んだら、最後に、ミニトマトを食べやすい大きさに切って煮つめる。

DAILY CARE

夏のスイッチ食材帖

※肉を魚に替えるとたんぱく質やカロリーが足りない場合が出てきます。
変更するときは（かさ増しやプラス食材も同様）、
ワンコの食べ具合・便の状態・体重の変化を見ながら、適宜増減してください。

肝臓ケア

ご飯 ⇒ じゃがいも40g

食物繊維とカリウムで
解毒機能もUP。

腎臓ケア

ミニトマト ⇒ にんじん30g

体を冷やしすぎない食材で
腎臓の働きをサポート。

＼ダルイー／

心臓ケア

牛肩ロース肉 ⇒ あじ160g

EPA・DHAで血液サラサラ
＆心臓の負担を軽減します。

皮膚ケア

牛肩ロース肉 ⇒ たら160g

たらのグルタチオンで
細胞酸化予防、老廃物排泄を！

「血液中のALT（GPT）などの数値が高くて肝臓が心配」、
「昔から心臓が弱め」、「皮膚アレルギー気味で……」などの
ワンちゃんは食事のケアが肝心です。予防医学的な考えに
基づき、季節や体質・体調に応じて食事に変化を与えましょう。

※ぽっちゃりの子と食が細い子に関しては個体差がありますので、目安が難しく、
量を記載していません。その子の体調、体重の増減を見て調節してください。

胃腸ケア

ヤングコーン ⇒ キャベツ25g

キャベツはビタミンUが
豊富。老廃物排泄を！

ぽっちゃりの子には

ご飯を半量ほど減らし、しらたきのみじん切りを減らした分だけプラス

腹もちが良いので空腹感の解消に。

食が細い子には

じゃがいもをプラス

炭水化物を増量し、
摂取カロリーを増やします。

シニアの子には

牛肩ロース肉 ⇒ 鶏もも肉160g

鶏もも肉は免疫強化に
ぴったりです。

秋のごはん

9〜11月
Sep-Nov

秋は「肺」に負担がかかる季節。

空気が乾燥するため、呼吸器系のトラブルや皮膚炎の悪化、痒みが出やすくなります。夏にしっかりと水を出し切った分、秋は食事で潤いをプラスしてあげましょう。れんこんなどの潤肺作用のある食材は、淡泊な味で胃腸にも優しくてよいのですが、寒性のものも多いので、必ず加熱しましょう。くこの実を1〜2粒、加えるのもおすすめです。

Recipe 1日分(2食) 5kgの場合 計404kcal

- 鶏もも肉 170g (223kcal)
- えのきたけ 30g (7kcal)
- れんこん 30g (20kcal)
- ご飯 60g (101kcal)
- りんご 20g (11kcal)
- じゃがいも 50g (38kcal)
- 青梗菜 40g (4kcal)

りんごだよ

> **Point**
>
> A えのきたけ、れんこん、じゃがいもは先に煮込む。
>
> B 青梗菜→ご飯→鶏もも肉を加えて煮えたら、最後にりんごを入れ、ひと煮立ちさせる。

DAILY CARE

秋のスイッチ食材帖

※肉を魚に替えるとたんぱく質やカロリーが足りない場合が出てきます。
変更するときは(かさ増しやプラス食材も同様)、
ワンコの食べ具合・便の状態・体重の変化を見ながら、適宜増減してください。

肝臓ケア

ご飯 ⇒ オートミール25g

食物繊維UPにおすすめの
食材です。

腎臓ケア

りんご ⇒ ブロッコリー30g

補腎作用のあるブロッコリーで
腎にエネルギーを。

心臓ケア

鶏もも肉 ⇒ 生鮭170g

EPA・DHAで
血液をサラサラに。

皮膚ケア

鶏もも肉 ⇒ さんま170g

EPA・DHAで
炎症を抑えてあげましょう。

「血液中のALT（GPT）などの数値が高くて肝臓が心配」、
「昔から心臓が弱め」、「皮膚アレルギー気味で……」などの
ワンちゃんは食事のケアが肝心です。予防医学的な考えに
基づき、季節や体質・体調に応じて食事に変化を与えましょう。

※ぽっちゃりの子と食が細い子に関しては個体差がありますので、目安が難しく、
　量を記載していません。その子の体調、体重の増減を見て調節してください。

胃腸ケア

じゃがいも ⇒ 長いも50g

ムチンのネバネバ効果で
胃腸を保護。

ぽっちゃりの子には

鶏もも肉を減らして、砂肝をプラス

カロリーを抑えつつ
たんぱく質の摂取量はキープ！

食が細い子には

さつまいもをプラス

炭水化物を増量し、
摂取カロリーを増やします。

シニアの子には

納豆1/4パックをプラス

腸内の善玉菌をUP
してくれます。

冬のごはん

冬は「腎」に負担がかかる季節。

東洋医学では「腎」は生命のエネルギーをつかさどっています。「腎」が弱ることで、痴呆や認知症などの老化現象や、膀胱炎・腰痛などの下半身トラブルが増えやすくなります。寒い季節は循環も滞りやすくなりますので、下半身を冷やさないようにし、食事には体を温める食材を取り入れてあげましょう。

Recipe 1日分(2食)　5kgの場合　計377kcal

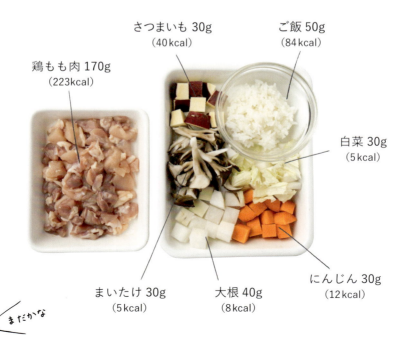

- 鶏もも肉 170g（223kcal）
- さつまいも 30g（40kcal）
- ご飯 50g（84kcal）
- 白菜 30g（5kcal）
- にんじん 30g（12kcal）
- 大根 40g（8kcal）
- まいたけ 30g（5kcal）

まだかな

> Point

A さつまいもは水溶性のシュウ酸が多いため、別に湯がいてから、他の野菜と合わせる。

B 残りの野菜→ご飯→鶏もも肉の順に煮込んだら、でき上がり。

DAILY CARE
冬のスイッチ食材帖

※肉を魚に替えるとたんぱく質やカロリーが足りない場合が出てきます。
変更するときは（かさ増しやプラス食材も同様）、
ワンコの食べ具合・便の状態・体重の変化を見ながら、適宜増減してください。

肝臓ケア

鶏もも肉 ⇒ まぐろ170g

肝臓の働きをよくする
タウリンの多いまぐろに！

腎臓ケア

鶏もも肉 ⇒ 牛ヒレ肉170g

リン含有量を減らし
腎臓の負担を軽減します。

心臓ケア

白菜 ⇒ ブロッコリー20g

ブロッコリーは心臓の働きを UP させる
ビタミンQも多い食材。

皮膚ケア

鶏もも肉 ⇒ 牛肉170g

亜鉛が豊富な牛肉で
免疫細胞を活性。

お肉も好物

「血液中のALT（GPT）などの数値が高くて肝臓が心配」、
「昔から心臓が弱め」、「皮膚アレルギー気味で……」などの
ワンちゃんは食事のケアが肝心です。予防医学的な考えに
基づき、季節や体質・体調に応じて食事に変化を与えましょう。

※ぽっちゃりの子と食が細い子に関しては個体差がありますので、目安が難しく、量を記載していません。その子の体調、体重の増減を見て調節してください。

胃腸ケア

納豆1/4パックをプラス

腸内の善玉菌を
増やしてくれます。

ぽっちゃりの子には

ご飯 ⇒ 玄米ご飯50g

食物繊維がUPします。
よく炊いて柔らかく！

食が細い子には

ヨーグルト（無糖）をプラス

乳酸菌で腸内環境を整え、腸を健康に！

シニアの子には

大葉1枚をプラス

大葉は活性酸素を除去する
のに有効です。

土用のごはん

土用は「脾(ひ)(消化器)に負担がかかりやすい季節。

立春・立夏・立秋・立冬の前の18日間を土用といいます。この時期は嘔吐や下痢を起こす子が多く、消化器に負担がかかりやすくなります。春から夏の変わり目は梅雨に当たり、体の中に水分が溜まりやすく、皮膚病も悪化しがち。消化によいもの、おなかに優しいもの、水分の排出を促すものを取り入れ、次の季節に向かうエネルギーを蓄えましょう。

Recipe　1日分(2食)　5kgの場合　計391kcal

- 鶏ささ身 140g（147kcal）
- ゆで卵1個（91kcal）
- ブロッコリー 50g（17kcal）
- ご飯 50g（84kcal）
- 長いも 30g（20kcal）
- にんじん 40g（15kcal）
- ぶなしめじ 50g（9kcal）
- 大根 40g（8kcal）

美味しそう

Point

A にんじん、大根、ぶなしめじは先に煮込む。

B 残りの野菜→ご飯→鶏ささ身を加え煮えたら、ゆで卵を作り、最後にトッピングのようにのせる。

DAILY CARE
土用のスイッチ食材帖

※肉を魚に替えるとたんぱく質やカロリーが足りない場合が出てきます。
変更するときは（かさ増しやプラス食材も同様）、
ワンコの食べ具合・便の状態・体重の変化を見ながら、適宜増減してください。

肝臓ケア

ぶなしめじ ⇒ しいたけ50g

エネルギーを巡らせて
肝臓の働きをサポート。

腎臓ケア

鶏ささ身 ⇒ ぶり140g

ぶりはEPA・DHAが豊富で
低リン食材の代表格です。

心臓ケア

鶏ささ身 ⇒ 生鮭140g

EPA・DHAで血液サラサラ。
アスタキサンチンで血管の健康もキープ。

皮膚ケア

鶏ささ身 ⇒ いわし140g

EPA・DHAで炎症を抑え、
タウリンで皮膚の保湿を！

「血液中のALT(GPT)などの数値が高くて肝臓が心配」、
「昔から心臓が弱め」、「皮膚アレルギー気味で……」などの
ワンちゃんは食事のケアが肝心です。予防医学的な考えに
基づき、季節や体質・体調に応じて食事に変化を与えましょう。

※ぽっちゃりの子と食が細い子に関しては個体差がありますので、目安が難しく、量を記載していません。その子の体調、体重の増減を見て調節してください。

胃腸ケア

鶏ささ身 ⇒ 鶏むね肉140g

グルタミン酸で粘膜を
サポートしましょう。

ぽっちゃりの子には

もやしでかさ増し

低カロリーなので
物足りなさを軽減できます。

食が細い子には

粉チーズをトッピング

粉チーズの香りで
食欲UP！

シニアの子には

鶏ささ身 ⇒ いわし140g

EPA・DHAが神経の流れを整え、
タウリンで心臓・肝臓サポートを。

毎日同じ味だとワンコも飽きる?!
犬ごはんにいつものトッピングを足そう!!

いつもの犬ごはん（ドライフードでも！）にちょっと足してあげるだけでも、簡単に栄養がアップ。また、犬が「おいしい！」と感じれば、食いつきが良くなる可能性があります。

かつお節・粉

新陳代謝を促進するので、デトックスにも効果的です。香り高い風味も特徴。

青のり

シコリを柔らかくしたり、水分代謝を整える作用が。ナトリウムが多いので、使用量には注意を。

うずらの卵（ゆでて）

ビタミンB12を豊富に含むため、貧血予防や神経の働きを維持するのに効果的。エネルギーや血液も補います。

ターメリック

肝臓の機能サポートや、抗炎症作用が期待できます。過剰摂取や長期の継続使用には注意を。

納豆

血液の流れを整えます。血糖値の上昇を抑える効果があり、ダイエットにおすすめの食材。

おから

食物繊維が豊富なので便秘の解消に。低カロリー、低糖質なのでダイエットにも最適です。

亜麻仁油

不足しがちなオメガ3脂肪酸を豊富に含みます。体の酸化防止や、便秘解消、アレルギーの緩和などに期待！

味噌

腸内環境を整えることで免疫が安定しやすくなるほか、デトックスも促進。良質なアミノ酸も豊富！

すりごま（白・黒）

血液の流れを整えたり、便通をよくする働きが。抗酸化作用があるので、老化防止にも効果的。

はと麦粉

体の余分な水分を排泄する働きがあるので、むくみ対策に。湿度の高い季節に摂りたい！

桜えび

カルシウムを豊富に含むため、手作り食で不足しがちなカルシウム補給としておすすめ。

Topping

週1回のデトックス！
毒出しスープにトライ！

水分をしっかり与えることで、尿や便と一緒に老廃物が排出されやすくなり、体の巡りも改善されるため、老廃物が溜まりにくくなります。特にドライフードが多い子は食材に水分がほとんどないので、尿が濃くなりがち。水を飲む回数が少ない子にもおすすめです。ワンコに週1回、毒出しスープを与えてはいかがでしょう。

こんなふうに取り入れて♪

- ☑ 週1回、ドライフードばかりの子に与えるスープとして。
- ☑ 太りすぎの子の3日に1回の食事として。

Recipe 2食分　5kgの場合

- しじみ（可食部）15g
  ※胃腸の弱いワンコには、スープのみを与えましょう。
- 青魚（さば・いわし・さんまなど）180g
- ブロッコリー 50g
- 大根 40g
- セロリ 10g
- 玄米ご飯 大さじ1
- めかぶ 大さじ1

Point
玄米ご飯はかなり柔らかくなるまで煮込みましょう！

How to

- **A** 鍋に水400mlとしじみ（約50個）を入れて火にかけ、しじみ汁を作る。
- **B** 青魚は骨ごとミキサーにかける。
- **C** 玄米ご飯と細かく刻んだセロリ、大根20gを、**A**の汁の中に入れて柔らかくなるまで煮る。
- **D** 玄米ご飯が柔らかくなってきたら、**B**の青魚と小分けにしたブロッコリーを加える。
- **E** 全体に火が通ったら、細かく刻んだしじみとめかぶを加え混ぜる。
- **F** 残りの大根20gをすりおろして、最後に加える。

手作り食に足りない
栄養素はサプリメントで

「食材だけでは足りない栄養素がある」「愛犬の老化が気になる」
「慢性疾患がある」などの場合は、サプリメント摂取がとても
有効です。粉末は食事のトッピングとしてかけられるので便利。
また、骨や筋肉に関わる「カルシウム」、腸内をきれいにする「乳酸菌」、
代謝を促進する「ビール酵母」、全身の栄養素「アミノ酸」なども
重宝します。下記は2人の獣医師がすすめるお墨付きのサプリです。

＼ カルシウム ／
骨や筋肉の成長に関わる栄養素
5kgの子で耳かき1杯程度が目安

＼ ビール酵母 ／
肝機能のサポート、
代謝機能促進、疲労回復に

北海道八雲地方産のにしき貝の貝殻化石の粉末が主原料。長い年月をかけて風化したにしき貝の貝殻化石には、炭酸カルシウムが含まれている。
真空カルシウム粉末（金箔含有）150g 3600円／波動法製造株式会社
☎0120-40-1705

沖縄の造礁サンゴから作ったミネラルの粉末。カルシウム、マグネシウムをはじめ74種類のミネラル（含有量：0.58g/g）をバランスよく含む総合ミネラル食品。
ミネラルパワー150g 3500円／リマの通販
☎0120-328-515

人の必須アミノ酸9種類すべてを含有しているだけでなく、ビタミンB群をはじめミネラル、核酸、食物繊維などの栄養素が詰まった粉末サプリ。
国産 ビール酵母 犬猫用
100g 500円／アオイアンドコーポレーション ロゴスペットサイト ☎042-321-1172

＼ 乳酸菌 ／
腸内環境改善から、皮膚アレルギー、免疫調整に！

日本最多280種類の有効善玉菌が腸内から皮膚アレルギー、口臭などを改善。体の基礎となるたんぱく質の合成能力を向上させ、体内の有害物質を解毒し、自然治癒力を高める。
プロバイオシーエー・プラス100g 7400円／アマナグレイス ☎03-6280-4101

世界最高の免疫機能補助乳酸菌を1包に2000億個も配合！　人間用の食品工場（GMP認定）で製造された安心・安全な乳酸菌食品。
エイチジン乳酸菌 動物用90包 5700円／H&J
☎0829-37-1623

16種の乳酸菌ビフィズス菌の発酵代謝物のサプリメント。東京農工大学との共同研究で、炎症やアレルギーを抑える制御性T細胞（Tレグ）を増やすことが判明。犬・猫・エキゾチックアニマル兼用。
ソフィア フローラケア30本 4500円／SOPHIA
☎03-6276-1551

＼ 有用微生物発酵飲料 ／
自然な機能バランスを取り戻し、健康維持、免疫強化

BCAA
＼（必須アミノ酸）／
肝臓や腎臓の虚弱、体力の弱った子に！

有機玄米を主原料とした100％天然素材、完全無添加。強力な抗酸化力を持つ玄米、びわ、菊を原材料に80種類以上もの有用微生物を使い発酵・熟成・抽出している。
バランスアルファ（プレーン）500ml 4500円／高橋剛商会 ☎0120-76-5812

臓器や皮膚、筋肉、毛、靭帯、軟骨、爪、血液などの材料となるアミノ酸。ホルモンや免疫物質の生成にも欠かせない健康を維持するために必要不可欠な成分、ロイシンを高配合し、不足しがちな必須アミノ酸の補給に。
アミノファイン100g 4546円／モノリス
☎048-474-0813

ワンコへのご褒美に、こだわりの食材を
おやつだって手作り食に

A ささ身やヒレ肉のジャーキー

そぎ切りにしたささ身やヒレ肉、魚を一度さっと湯がき、その後オーブンまたはトースターで10分ほど焼く。大量に作った場合には、保存袋に入れてアルミホイルで巻いておくと、冷凍庫でも霜がつきにくくなる。

B おからパウダー蒸しパン

豆乳 150ml、おからパウダー 30gを混ぜ合わせたら、卵2個を入れてよく混ぜる。そこに、オリーブオイル大さじ1、ベーキングパウダー小さじ1/2を加え混ぜたら、シリコン型に入れて、電子レンジ600Wで5分加熱し、つま楊枝を刺して生地がついていなければ完成。

C さつまいもようかん

さつまいも 100gは湯がいてから潰しておく。粉寒天 1.5gに水 100ml、豆乳小さじ2を加えて火にかけ、寒天を溶かす。潰したさつまいもと混ぜ合わせ、好みの容器に入れて冷やし固めたら完成。※さつまいも以外にも、かぼちゃ、小豆を柔らかく煮たもの、フードプロセッサーなどで細かくした肉などでアレンジ可能。

D 高野豆腐クッキー

豆乳や鶏がらスープ（昆布水やしじみ汁などでもどしてもOK）で高野豆腐をもどしたあと、絞って水分をとばしてから、幅約3mmに切り、オーブン、またはトースターで5分程度焼く。

大切なワンコのために、
安全で安心なおやつを。
こだわりの食材で、無添加。
初めて手作り食にするワンコ、
飼い主さんにもおすすめです。

リスク大！
絶対に避けたい食材

犬に与えてはいけない食材を知っておくことはとても大切です。
個体差による食材もあり、症状が出ない子もいますが、少量でも
中毒を引き起こすワンコも。体に害があるとされる食材に関しては、
一切、口に入れないようにしたほうが無難です。誤って食べて
しまった場合はできるだけ早く吐かせてあげることが大切。
食べた量にかかわらず、すぐに動物病院を受診しましょう。

キシリトール
摂取すると急激に低血糖に。下痢・嘔吐・無気力・震えなどの症状が、摂取後1時間以内に現れます。

ぶどう、レーズン
中毒のメカニズムは解明されていませんが、少量でも絶対に与えるべきではありません。元気消失・嘔吐・下痢・腹痛・尿の量が減る・脱水などの症状が見られます。

チョコレート、ココアなどカカオが入っているもの
「テオブロミン」という成分によって、嘔吐・下痢・多尿・痙攣を起こします。死に至る場合もあるので注意しましょう。

アボカド
「ペルシン」という成分で、下痢・嘔吐などの消化器症状を起こす場合が。

与えてはいけない食材リスト

生の甲殻類（えび、かに）、貝類、いか、たこ

生の甲殻類や貝類を大量に摂取すると、酵素チアミナーゼ（アノイリナーゼ）がビタミンB1を分解するためビタミンB1欠乏症を発症する恐れも。いか・たこなどは消化も悪いため、良い食材とはいえません。

アルコール

意図的に与える人はいないと思いますが、こぼしてしまったお酒を誤って飲むケースは大いにあります。犬はアセトアルデヒドを分解できないので、重度の中毒症状を引き起こし、命を落とすことも。

マカダミアナッツ（ナッツ類）

神経症状を引き起こすことがあります。また、脂質が多いため肥満や膵炎になることも。ナッツ類は消化が悪く、下痢・嘔吐・便秘などを引き起こす可能性があるので与えないほうが無難です。

玉ねぎ、長ねぎ、にら、らっきょう、にんにくなど

「あげてはいけない」と認識されている代表食材。「アリルプロピルジスルフィド」という成分が赤血球を破壊し、貧血を起こします。生でも加熱しても与えないように。特にパスタソース、中華料理などにも、玉ねぎ、にんにくが使われているので注意しましょう。

大豆類もおなかの弱い子は火を通しましょう。

COLUMN

大根おろしを活用しよう

すりおろした大根は温かいご飯に混ぜると辛みが抜け、
適度に温度を下げてくれます。根の部分は90%が水分なので、
体にたっぷりの水分も同時に供給できます。
また、カリウムは利尿作用を促進し、体に溜まった老廃物を
排出させますので、デトックス効果も期待できます。
酸化しやすいので、与える直前にすりおろすようにしましょう。

イソチオシアネートが豊富

血液をサラサラにする成分で血栓の予防にも。がん細胞を防御する力があるといわれている成分でもあります。

酵素が豊富

大根おろしは消化を促す酵素・ジアスターゼも摂取することができます。肉、魚などのたんぱく質に合わせると良いでしょう。

食物繊維が豊富

大根は食物繊維が豊富なので、便秘気味のときには、便の排出をスムーズにします。でもよかれと思ってたくさん与えると下痢・嘔吐の原因にもなるので、5kgの子で大根30gを目安にしましょう。

知りたかった疑問に答えます

PART.2
ワンコの食事・健康Q&A

Q 「ドライフード」より「手作り食」のほうがいいのですか?

A どちらが良い、どちらが悪いではなく、飼い主と犬が幸せであればいい!

「はじめに」にも書かせていただきましたが、「手作り食がよくて、ドライフードが悪い」とはいいません。犬がおいしく食べて健康であることが大切なのです。
ドライフードは栄養もカロリーも計算して作られていて、保存が効くという意味で、それがいちばん合っているワンコもいます。ただし、原材料や保証成分値をしっかり見て、選んであげましょう。
また、ドッグフードの脂が酸化しやすいので、1カ月で食べきれる量を購入するのも重要です。
手作り食の場合は、犬の食性に合ったバランスのものをあげることが重要ですが、必要カロリーを摂ろうとすると量が多めになりがち。でも、新鮮な栄養素を与えられ、消化吸収がよくなるというメリットがあります。
どっちにしようか悩んだら、ドッグフードの上にトッピングしてあげたらどうでしょうか。また、日によって替えてもいいし、朝は食べ慣れてるドッグフード、夜は手作り食……という形でもいいでしょう。
飼い主が一生懸命考えて選んだドッグフードも、時間をかけて作った手作り食も、どちらもたくさんのビタミンL(ビタミンLove ♡)が含まれているはず。何よりも飼い主の負担にならないこと、犬も幸せに食べられることを優先しましょう。

ドライフードの特徴

- ☑ １日当たりの価格が安い
- ☑ 準備が簡単
- ☑ 栄養が計算されている
- ☑ 総合栄養食なので、ドッグフードと水だけでOK
- ☑ 腐らない、カビが生えない

OR

手作り食の特徴

- ☑ 旬の食材を取り入れられる
- ☑ 調理に時間がかかる
- ☑ 水分を食材から摂りやすい
- ☑ 保存は効かないが、保存料など添加物を避けることができる
- ☑ 飼い主の愛情がワンコに伝わる

Q 愛犬が手作り食を食べてくれません……。

A 初めて食べる食材には抵抗があるもの。

今までドライフードを食べていたワンコに手作り食を与えても、慣れていないので、食いつきが悪いことはしばしばあります。
また、今まで食べていたのに急に食べなくなることも……。
味つけや水分量（シャバシャバが好きな子、とろみが好きな子、水分が少ないほうが好きな子など）、温度などでも手作り食への食いつきは変わってきます。
特に、ワンコは「嗅覚」によって食欲が刺激されるので、トッピングページ（P.40〜41）を参考に香りづけをするのもいいでしょう。
与えるときは、必ず人肌程度に冷ましてください。
それでも、手作り食を食べない場合は、まずは食材ごとに小皿に入れ、ワンコの好みを見つけてあげましょう。

Stomach Ache

Q 手作り食にしたら、下痢をしました！

A 食べすぎが原因のこともありますが、腸内環境がリセットしている可能性も！

下痢になるのは食べすぎの可能性があります。
また、食材が合ってない（＝アレルギーの可能性）、消化不良、脂肪分過多、水分が多すぎたということも考えられます。そのほかには腸内の掃除をしているということも。下痢で注意すべきは脱水症状です。犬用の経口補水液などを利用して、こまめに水分補給をしてあげてください。
また、火の通っていない食材を与えると、寄生虫などの感染症もありえます。その場合は治療が必要となります。
どちらにしても下痢が続くようなら、早めに受診することをおすすめします。

10kgの子には2倍の量を あげればいいですか?

目安は5kgの子の約1.7倍（P.15を参照）。ただし、年齢、運動量によって異なります。臨機応変に！

本書ではあくまでカロリーを計算したうえでの目安量を記載しました。ですが、ワンコによって運動量や年齢も異なりますし、消化吸収能力によっても変わります。また、私たち人間もその日の気分によって食欲が変わるように、ワンコもその日の気分や体調で食欲も変化します。そのため、この体重ならこの量！というように、食事の量は決められないのです。ちなみに、成犬のエネルギー必要量を計算すると以下のようになります。ただしライフステージによって、食事量・内容も異なりますので、臨機応変に！

一般的な成犬の体重別 エネルギー必要量／1日

体重(kg)	kcal
2～5	189～375
6～10	429～630
11～20	677～1059
21～30	1099～1435
31～40	1472～1781

※去勢・避妊済みの場合。未去勢・未避妊の場合や運動量が多い場合は、この数値より多めに。

一般的には1回のごはんの量は「頭の鉢の大きさ」といわれていますが、足りないようであれば増やして、太ってくるようならば減らしましょう。まずは1週間～1カ月、ワンコの頭の鉢の量を与えて、様子を見て増減させましょう。

 毎日同じ食材を
使ってますが、大丈夫？

A 旬の季節を知る食材表を見ながら
替えてあげましょう。

基本レシピでは6〜7種類の食材を使っているので、
毎日同じ食材でも栄養価的にはそんなに問題ありません。
でも、せっかく手作りをするのですから、旬の食材を
取り入れることをおすすめします。P.116〜の食材早見表から
スイッチしてみてください。なるべく多くの食材を取り入れて、
バランスのよい食生活を目指しましょう。

また、理想は……スポーツ選手の食の割合と似ています。

動物性たんぱく質 ： 野菜 ： 炭水化物

1 ： 1〜2 ： 0.5 です。

Q 犬の消化を促進する方法はありますか？

マッサージして

A 「犬マッサージ」をしてあげましょう！

自然治癒力を高める犬マッサージ。全身の経絡を刺激すると、「気」「血」「水」の巡りと全身の流れがよくなり、免疫力アップや消化を促します。毎日の習慣になるのが理想。食後は30分以上空けてから行ってあげましょう。特に四肢には免疫力をアップさせるツボがいくつも存在します。ワンちゃんが「気持ちいい」と思う程度（風船が軽く凹むくらいの強さ）で押したりしてあげましょう。また、前足の付け根から背中にかけての部分に疲労がたまりやすいので、なでることも大事です。ただ、飼い主が忙しいときに無理をして行っても、ワンちゃんは心地よさを感じることができません。時間や心に余裕のあるときだけでいいと思います。また、様子がおかしいとき、治癒していない傷があるとき、妊娠中は避けましょう。

Massage 1

頭の上からしっぽに向かって、背骨のラインに沿って数回優しくなでます。背骨の両脇には、多数のツボがあるので、刺激してあげましょう。

Massage 2
まずは頭頂部の百会(ひゃくえ)のツボを押し、次に眉間から鼻先にかけて、なでていきます。

Massage 3
耳は片手で根元を持って、優しくピーンと軽く引っぱります。

Massage 4
後肢の足裏、いちばん大きな肉球の中央にある「湧泉(ゆうせん)」からつま先に向かって指圧しましょう。

Q 歯みがきって必要ですか？

「歯は大事！」

A 歯石、歯周病は犬の命にも関わることがあるため、必要です。

「最近、口が臭くなってきた」……これは歯周病の可能性があります。歯周病菌は肝臓や心臓など全身的な疾患に関与するといわれていて、寿命にも関係します。また、手作り食の場合、人間同様歯石も溜まりやすくなりますので、毎食後に歯みがきをしましょう。とはいえ、ワンコは歯みがきが嫌いなもの。無理矢理行うことで、信頼関係が崩れてしまうこともありますし、噛まれてしまっては飼い主も諦めてしまいますよね。

歯みがきアイテムもいろいろあるので、上手に取り入れましょう。でも、注意が必要です。歯みがき用ガムを使うときは最後まで手で持って与えましょう。ワンコに与えっぱなしでは丸飲みすることが多く、オーラルケア効果が期待できません。飼い主が手に持って噛ませてください。その際、上顎の奥にある第4前臼歯を狙って噛ませるのがコツです。口の横からガムを差し入れ、少しずつ送りながら、左右でしっかりと噛ませましょう。
また、野菜（にんじん、大根）をステック状にカットし、ガムのように与えてもいいでしょう。大根などは酵素が含まれているので、デンタルケアにも効果的といわれています。
布ロープやタオルなどの引っぱりっこも、歯垢が取れるのでおすすめです。またアキレス腱も繊維でできた腱ですので、半生状態のものなら、歯みがき効果があります。ただし、硬く乾燥したアキレス腱は歯を折る危険性がありますので、おすすめできません。

手作り食にしてからウンチが
変わりましたが、大丈夫？

 毎日のウンチは「大きなお便り」と思って！

ワンコは話せないので、ウンチなどで健康かどうかを見分ける
ことは大事です。良便の判断基準は……。

- 1回の排便で、2本程度の便がスムーズに排泄されているか
- しっとりとしているか
- 地面に跡がつかない程度の硬さか

食べ物によって色、形状、ニオイ、量などは異なってきます。
色は肉をたくさん食べると黒く、野菜をたくさん食べると黄色〜
茶色っぽくなります。形状は、コロコロで硬すぎてもダメ、べちゃっと
柔らかくてもダメ。理想は、バナナくらいの硬さで、触っても崩れず、
程よく水分を含んでいるものがよいでしょう。
量は食べたものによっても変わりますが、食べた量と比例した量が出て
いればOK。食事の量や内容を変えていないのに便が増えた、または便が減っ
たは、何かしら問題がある証拠です。ニオイも肉を食べると臭くなりますが、
異常に臭い、鼻につくニオイの場合は一度、病院で診てもらいましょう。
受診の際は、できる限りウンチを持って行ってください。
また、腸内環境を維持するために、善玉菌の増殖を促すオリゴ糖を含む
食材や乳酸菌などのプロバイオティクスを上手に利用すると良いでしょう。

ウンチの形状を知ろう

普通便を目指しましょう!

コロコロ便
硬くてコロコロしたウサギの糞のような便

硬い便
水分含量が少なく、硬い便

普通便
表面がなめらかで柔らかいソーセージ状、あるいはとぐろを巻く便

軟便
形はあるが
つまむことができない固さ

泥状便
形を維持することのできない不定形のゆるい便

水様便
水様で固形物をほぼ含まない液体の便

ワンコの脱水を予防するには
どうすればいいですか？

 皮膚を引っぱったときの戻り具合や、
歯茎や舌の渇きなどで判別しましょう。

水分は栄養素の働きをスムーズにするために欠かせません。体の60〜70％は水分ですが、10％以上を失うと生命が危険になります。夏は脱水を注意しますが、冬も暖房によって熱中症になる可能性があります。

人間は汗腺から汗を出すことで体温調節ができますが、犬は汗腺の数が少ないため、熱が体にこもりやすい生き物です。犬は体温調節を呼吸で行い、おしっこと一緒に熱を出していますが、脱水状態になるとおしっこが作られにくくなり、熱を出していくことができません。また秋〜冬は空気の乾燥、気温の低下により水を飲む回数が減るため、知らず知らずのうちに体から水分が奪われています。のどの乾きに気づき、自ら水を飲みに行っているならばいいのですが、シニア犬や子犬はのどの乾きに鈍感で、のどが渇いても水を飲みにいかないこともあります。

また、食欲が低下するのも「隠れ脱水」の原因のひとつ。水の置き場や容器の材質、水温によっても飲水量の変化が見られますが、積極的に水分を摂るのが難しい場合には、食事を"つゆだく"にしたり、おやつを野菜や果物に置き換えることで簡単に水分を摂ることができます。秋〜冬にかけては、加湿器などで部屋の湿度を40〜60％程度にして、脱水を予防しましょう。

脱水に気づいた場合は、水ではなく経口補水液を与えることで状態が改善しやすくなりますが、早めに獣医師に診てもらいましょう。

脱水チェックポイント

ワンコの首の後ろを痛がらない程度に引っぱり、指を放したとき、元に戻るまでに3秒以上かかる。

舌の表面に光沢がなく、色もいつものピンクとは異なり赤や紫色。歯茎が乾燥気味で粘り気を持っているのは、唾液の分泌が少なくなっていることが原因。

肉球がカサカサ、ハリがないなども脱水のサイン。元気なときの肉球の状態を覚えておくとよいでしょう。

Q 手作り食にして痩せてしまいました！

A カロリーが足りていない可能性、大。

ワンコの年齢、運動量から考えて、カロリーが足りていない可能性があります。カロリーを増やしたいならば、以下のことを試してみてはどうでしょう？

- ☑ 鶏肉の場合、ささ身ではなく、胸肉を皮ごとあげてみる
- ☑ いも類を増やしてみる
- ☑ サーモンオイルや亜麻仁油などをトッピングしてみる
- ☑ 山羊ミルクをトッピングしてみる

1週間ごとに体重を測り、それでも痩せるようでしたら、病院で診てもらいましょう。

Q 愛犬は老犬です。手作り食に替えても大丈夫でしょうか？

A 老犬にこそ、手作り食をおすすめしたい。

ワンコの食欲が低下しているときでも、食べやすい大きさにカットした、香りがよいトッピングの食事を与えると食欲が出る犬もいます。
ですから、老犬こそ、手作り食がおすすめです。
咀嚼力が落ちた老犬の場合は、スープで煮込み、ほぐれやすい状態にすることで食べやすくなります。その子の咀嚼力や嚥下能力、消化力を考えながら食材を選択しましょう。手作り食のメリットは、新鮮な材料を使えること、老犬の体調に合わせた食材や栄養素を調整できることにあります。栄養学的な正しい知識も必要となりますが、肥満防止のカロリー調整なども工夫することができます。いきなり手作り食にすると、愛犬もびっくりします。ドッグフードの上のトッピングから、少しずつ替えていくといいでしょう。

うちのワンコは重度の肝疾患を患っています。避けたほうがいい、積極的に摂りたい栄養素は何ですか？

A 下記を参考にしてみてください！

重度の疾患を持っているワンコにも手作り食を取り入れてみませんか？定期的な検査で数値を見ながら、その子に合った食事を見つけてあげてください。

肝疾患

避けたい食事：高脂質
積極的に摂りたい食事：低脂質（たらなどの白身魚、ささ身）、抗炎症作用のある食材（EPA・DHA：魚油〈サーモンオイル、クリルオイルなど〉）、青魚〈さば、いわし、さんまなど〉）、ビタミンB2（納豆、卵など）、亜鉛（帆立貝柱）、食物繊維が豊富ないも類、きのこ類、抗酸化力の高い緑黄色野菜

腎疾患

避けたい食事：高たんぱく質、高リン食材（魚は肉よりリンが多いので控えめに）、塩分過多
積極的に摂りたい食事：抗炎症作用のある食材（EPA・DHA：魚油〈サーモンオイル、クリルオイルなど〉）、ブロッコリー、カリフラワー、黒豆

心疾患

避けたい食事：塩分過多
積極的に摂りたい食事：血流改善作用のある食材（EPA・DHA：魚油〈サーモンオイル、クリルオイルなど〉、青魚〈さば、いわし、さんまなど〉）、
血液調整（ひじき、わかめ）、
カリウムの補充として葉野菜（特に青梗菜）、
タウリンが豊富な鶏ハツ、帆立貝柱

泌尿器疾患（下部尿路）

避けたい食事：水分の少ない食事、シュウ酸が多い食材（ほうれん草、さつまいも、レタス、青梗菜など）、マグネシウムが多い食材（ほうれん草、大豆、ひじきなど）、プリン体を多く含む食材（レバー、干ししいたけ）
積極的に摂りたい食事：抗炎症作用のある食材（EPA・DHA：魚油〈サーモンオイル、クリルオイルなど〉）、粘膜の保護に軟骨、利尿作用が期待できるウリ科（きゅうり、冬瓜、すいかなど）

皮膚疾患

避けたい食事：アレルギーがある食材
積極的に摂りたい食事：抗炎症作用のある食材（EPA・DHA：魚油〈サーモンオイル、クリルオイルなど〉、青魚〈さば、いわし、さんまなど〉）、抗酸化作用の高い緑黄色野菜、亜鉛が豊富な帆立貝柱

Q 自分に「手作り食」が作れるかどうかわかりません。

A 「特別」と考えず、一緒のメニューを楽しんでは？

手作り食は決して特別なものではありません。使っている食材は、近所のスーパーマーケットで簡単に手に入るものばかりです。あえて言えば「旬」の食材を選ぶこと。その時々で今、採れるものが最も栄養価も高いものです。人間も犬も、食べるものはできるだけ新鮮で栄養価の高いものを食べたいですよね⁉　メニューも犬が食べてはいけないもの以外は、人間とほとんど一緒で大丈夫。気をつけるべき点は、たんぱく質を多くすること、野菜は細かくすること。フードジプシーの方には、「我が子をアスリートにする感覚で」とお伝えしています。たんぱく質は多め、炭水化物はやや少なめ（とはいえ、炭水化物も必要な栄養素ですのでゼロにはしないように！）、野菜は見た目の割合でたんぱく質と同じくらい——それがワンコにとって理想的だと思います。ただし、人間用の味では犬には濃すぎるので、味つけする前に愛犬の分を取り分けてあげましょう。でも見た目は同じ。一層、ワンコとの絆が強まっていくと思います。

Q 犬が授乳中です。手作り食はどうすればいいですか?

A この時期だけは高たんぱく質・ハイカロリーでいいのです。

妊娠7週目（後期）から授乳期は、母犬の必要カロリーは成犬の1.5倍程度となるので、必然的に与える食事量も増やさなくてはなりません。しかし、妊娠中は少量ずつ胃が圧迫されるため、何度かに分けて与え、十分な栄養が摂取できるような配慮が必要です。また、出産後、犬の赤ちゃんは生まれてからたった1週間で2倍の重さに成長しますが、その成長を支えているのが「母乳」。そのため、母犬は自分の栄養＋子犬の栄養を摂取しなくてはいけませんので、この時期に母犬が必要とするカロリー摂取量は、成犬の2〜3倍となります。犬の母乳は、牛乳に比べるとたんぱく質と脂質の割合が圧倒的に多いので、高たんぱく、高カロリーの手作り食にしましょう。ただし、この食事をずっと続けてしまうと、母犬の肥満やさまざまな疾患を引き起こしてしまいます。授乳期後は、必要な栄養をきちんと与えながら徐々に元の食事へ戻してください。

COLUMN

生活習慣病の予防やストレスの緩和に！
亜麻仁油を手作り食にひとかけ

亜麻仁油はアマ科の植物の種子から抽出された油で、オメガ3系脂肪酸の「α-リノレン酸」を豊富に含みます。α-リノレン酸は体内の酵素によってEPA・DHA（青魚に多く含まれている）に変換されます。中性脂肪を減らして善玉コレステロールを増やす働きや、抗炎症作用や血栓予防作用があるため、生活習慣病予防などが期待できます。自律神経系に作用することから、ストレスの緩和や脳神経系の活性化にも。不足すると皮膚炎や集中力低下、発育不良などを起こします。

一般的に必須脂肪酸には、オメガ3系（亜麻仁油）とオメガ6系（ごま油など）があり、これらの脂肪酸は体内で合成できないため食事などにより摂取する必要性があります。最近はアレルギーや炎症などのトラブルを抱えるワンコが増えていて、これはオメガ6系とオメガ3系のバランスが崩れていることによるともいわれています。

オメガ6系・オメガ3系の
理想的なバランスは4：1

市販のドッグフードは飽和脂肪酸やオメガ6系脂肪酸をメインで使用しているものが多く、オメガ3系（亜麻仁油）は不足しがちです。

与え方

不飽和脂肪酸は酸化しやすいため加熱は禁物。冷ました手作り食の上にかけてあげましょう。目安量：5kgまでの犬には小さじ1/2ぐらい、11〜15kgの犬には小さじ1杯ぐらい。

愛情タップリ♪

PART.3
愛犬のための
手作りごはん体験記

CASE 1

愛犬が太っていて、
健康的にまずは3kg痩せさせたい!

体重10.3kgとミニチュアダックスフンドの
平均体重(一般的には5kg前後)を
遥かに超えています。
2月に脂肪腫、10月に歯の手術をして、
先月の検査ではGPT(肝数値)が113といわれ、
現在、服薬中。

名前	ミッキー
犬種	ミニチュアダックスフンド
性別	オス
体重	10.3kg
年齢	12歳
BCS	5

※BCSはP.112を参照。

林先生のアドバイス

ダックスは腰部や四肢関節への負担がかかりやすい犬種なので、体重管理は他の犬種よりも厳しく行いましょう。シニアなので年齢を考えるとまずは8kg程度を目指すと良いでしょう。しかし、急激なダイエットは体の負担となりますので、1カ月で体重の2〜3%程度の減量(200〜300g程度)のペースで行ってあげてください。2019年2回の手術時の麻酔の影響で、肝臓がダメージを受けている可能性が考えられます。たんぱく源を鶏むね肉に替えてみてはいかがでしょうか。鶏むね肉は肝臓をサポートする必須アミノ酸(BCAA)も豊富に含まれ、低カロリー・低脂質なので、ダイエットにも最適と考えられます。量が足りず欲しがってしまうようでしたら、豆腐やもやしでかさ増しをし、満腹感を与えてあげましょう。

Advice 2

豆腐やもやしはいつも常備し、かさ増しをしていますが、この2つが好物なミッキー。特に豆腐は肉や野菜から出たエキスを吸って、味がついているからか、ペロッと食べます。

Advice 1

夕食を鶏むね肉と野菜だけにしました。もやしは初めてあげましたが、大変好きなようで、ホッとしました。手作り食を作り始めて、飼い主側も勉強になっています。

Advice 3

手作り食に加えて、散歩時間を長めにとって、朝と夜テクテク歩かせています。歩くのは嫌いじゃないようなので、無理のない範囲で続けています。

from 飼い主　1カ月の効果はいかに？

手作り食にして1カ月……なんと200g痩せました。豆腐ともやしが効いたようです。よく食べてくれるのでたいへん助かっています。この調子で、目指せ、あとマイナス2.8kg！。でも、シニアなので無理は禁物です。来年の今頃はトータルで3kg痩せているように、これからも頑張りたいと思います。長生きしてもらいたいので、これからは"食"についてもっと勉強をして、与えようと思います。

CASE 2

カサカサの皮膚炎！
薬に頼らず痒みを減らしたい

我が家に来たのは2018年の夏で、当初より、右肘の毛だけが薄くなっていてカサカサの皮膚が見えている状態。飲み薬は1日おきに服用していますが、完治することがなく、現状維持の状態が続いています。

名前	アッキー
犬種	ミックス
性別	男の子
体重	15kg
年齢	3歳
BCS	3〜4

※BCSはP.112を参照。

痒みがあり、痒み止めの薬を服薬中は、サーモンベースのドッグフードを使用。

林先生のアドバイス

ドッグフードに含まれるオメガ3は時間とともに酸化してしまうので、フードに含まれるサーモンのEPA・DHA（炎症を抑える成分）もあまり効果が発揮できません。食事にトッピングとして亜麻仁油やクリルオイルなどを補ってあげましょう。ドライフードは小分けにして密閉容器で保存すれば酸化を防げます。また皮膚の水分を保つものとしてコラーゲン、エラスチンが豊富な手羽先や鶏ハツなどをトッピングで加えてみてください。体の内側から潤す作用がある食材として、大根やれんこん、白ごま、山いも、しめじなども有効ですよ。

Advice 2

サーモンオイルを毎日1回、朝晩のごはんの油分を見ながら使いました！次は鶏ハツが手に入ったら、れんこんや山いもと共にあげようと思います。

今日の晩ごはんは手羽先と大根を水で煮たもの。この後、ワンコの分だけ取り分け、細かく刻みました。この時点で、ワンコは待ちきれず、ウロウロしてました。

Advice 1

ドッグフードの保存状態です。袋から出して、小分けにプラスチック容器に入れています。

Advice 3

from 飼い主　1カ月の効果はいかに？

先生のアドバイスによる料理を与えてみて、ここ何週間かで肘の痒みはかなり改善してきています！ それから、ウンチが臭くなくなり、同じ部屋にいても、いつの間にか排便しているのに気づかないことがあるくらいです。「今日は手羽先大根だよ」と、人間と同じメニューを楽しめる点でも家族感がぐっと増します！ 手作り食は、ワンコにとっても人間にもとっても、体も心も健康に過ごせると感じました。これからも続けたいと思います！

CASE 3

大型犬なのでシニアに向けて今やるべきことを知りたい！

今のところこれ！という悩みはないのですが、27.6kgもあるので、シニアに向けてやるべきことを知っておきたいです。また、いつもの食事はもちろん、生活習慣で取り入れるべきことも教えてください！

名前	小夏
犬種	ゴールデンレトリバー
性別	メス
体重	27.6kg
年齢	6歳
BCS	4

※BCSはP.112を参照。

林先生のアドバイス

筋肉を落とさずに脂肪を減らして、引き締まった体にしていきたいですね。筋肉をしっかりつけておくことで代謝も上がりますし、シニアになってからの体幹のブレも起こりにくくなるでしょう。ドライフードを炭水化物・脂質が抑えられたものにしたり、食事で肉・魚などのたんぱく質の量を増やし、筋肉の原材料を取り入れてみてください。特に豚肉はビタミンB1とカルニチンが豊富で、脂肪燃焼におすすめです。食べた栄養がしっかりと全身を巡るよう、マッサージを取り入れることで、筋肉の衰えや関節の可動域が狭まるのも防げると思います。

Advice 2

好き嫌いがなく、食いつきもよく、いつもあっ！と言う間になくなります。ドライフードだけだと鼻に詰まらせることもあるので、半分、手作り食にしています。

Advice 1

ある日の食事。キャベツ、大根、にんじんはいつもどおりに入れ、先生に教わった豚肉、ブロッコリーの茎、小松菜、しいたけ、ひじき、カッテージチーズをつゆだくに仕上げました。

Advice 3

マッサージですが、P.58のように、ゆっくりなでてあげます。耳の付け根を軽く引っぱるのは気持ちがいいみたいで、鼻を鳴らします。マッサージは日課にしようと思います。

---

from 飼い主　1カ月の効果はいかに？

マッサージをすると気持ちいいみたいで、鼻を鳴らしたりします。ポッポッと体中が温かくなり、全身の巡りがよくなったんだなと思いますね。マッサージ用の器具を使うこともあります。うちはドッグフードと「半分手作り食」を実行していますが、林先生のアドバイスで「豚肉がよい」とのことでしたので、ここ数日は、豚肉をあげました。食いつきがよく、すぐに完食してしまうので、今後はゆっくり食べさせることを課題にします。

CASE 4

長期的な皮膚炎!
シニアなのでなるべく薬を使いたくない!

長年皮膚炎を患っていて、薬やシャンプーなどを取り入れていますが、シニア期に入ってきたので、あまり体に負担をかけない方法で痒みを減らしてあげたいです。手の込んだものは作れないので、簡単な手作りごはんを併用できればと思っています。

名前	空
犬種	トイプードル
性別	メス
体重	4.0kg
年齢	11歳
BCS	3

※BCSはP.112を参照。

 →

10日でモフやがよくなりました!

林先生のアドバイス

長期的な皮膚炎なので、症状が落ち着くまでには時間がかかるかもしれません。まずは、抗酸化作用のある食材と炎症を抑える食材を使って、体の中をきれいにしていきましょう。体の中の活性酸素を取り除くことで老化予防になりますので、パプリカや小松菜などでファイトケミカルを取り入れ、体の炎症を抑えるには、EPA・DHAを豊富に含む青魚やサプリメントを使ってみましょう。青魚は使いにくいと思われがちですが、水煮缶を使えば簡単です。少しジュクジュクした皮膚炎も見られるので、利水作用（体の余計な水分を出す作用）を持つ冬瓜を使ってみても良いかもしれません。また定期的なシャンプーや生活環境を綺麗にすること、シニアは体の巡りが滞りやすいので、温活・マッサージを取り入れることも重要です。まずは無理のない範囲で楽しく取り組んでみましょう!

Advice 2

抗酸化作用のあるパプリカと補腎のブロッコリー、体を潤す豚肉と、冷えが少し出てきたのでラムを追加しました。魚を使わないときには、EPA・DHAを含むクリルオイルを与えています。

Advice 1

EPA・DHAが豊富なさばの水煮缶と、利尿作用のある冬瓜、抗酸化作用が期待できる小松菜を入れました。さばの水煮缶は、一度湯通ししてから、汁を大さじ1入れます。

Advice 3

1回に食べる量は多くないものの、ちょこちょこ食べるので、置き餌としてドライフードも使っています。でも2つ並べると、先に食べるのは手作りごはん！作り甲斐があります。

from 飼い主 １カ月の効果はいかに？

以前は痒いせいか、毛を掻きむしっていましたが、それが激減、おまけにニオイも軽減しました。毛づやに関しては約10日間でとても良くなり、驚きです！　食事も食材が替わることで楽しみになったのか、食いつきが良くなり、自分で食べるようになりました。日によって痒みが強く出てしまう日もあるのと、食が細くなってきているので、今後も継続していきたいと思います。

COLUMN

2～3日に1回でOK!
定期的に与えたい食材

毎日与えなくてもいいけれど、シニア期の子を中心に
プラスαで取り入れたいのが臓物とくこの実。
滋養強壮にもなるくこの実は、乾燥した状態で販売されている
ことが多いので、お湯などでふやかしてから与えましょう。

くこの実
[目安] 5kgの犬、1～2粒

滋養強壮や疲労回復などに効果があり、薬膳的には「補腎」という、免疫力や自然治癒力を取り戻す効果があるといわれています。シニア期には積極的に与えていきたい食材ですが、若いうちから摂取することで、健康体のサポートにもなります。まずは2日に1回の目安で、食事に加えてください。

レバーやハツなどの臓物
[目安] 5kgの犬、10g 程度
　　　　ドライフードを併用する
　　　　場合は 5g 程度

手作り食ではミネラルやビタミン、鉄分が不足しがちです。薬膳には「同物同治」といって、調子の悪い箇所と同じものを食べるのがいいという考え方があり、レバーは肝臓、ハツは心臓の悪い子におすすめ。摂りすぎは禁物なので、週に2～3回程度、与えてみてください。

特別なイベントには
ひと手間も!

PART.4
ハレの日の
"映え"レシピ

NEW YEAR

お正月

鏡餅風犬パン

POINT

ワンコにあげるときは手でちぎって食べやすい大きさに分けてあげてください。今年も健康で過ごせるよう鏡餅で正月をお祝いしましょう！

85

お正月

鏡餅風犬パン

今年は鏡餅風パンで一緒に新年を
迎えてはどうでしょうか。あげるときは餅部分、
橙部分ともに犬の口の大きさに
合わせましょう。

難易度 ★★★☆☆　所要時間20分

米粉

白すりごま

[材料]

米粉 ……………………50g
オリゴ糖 …………小さじ1
豆乳 ………………… 40ml
オリーブオイル…小さじ1
白すりごま……………適量
　（なくても可）
かぼちゃ………………10g
ヨーグルト……………少々
サラダ油………………少々

> **How to**

- **A** かぼちゃは電子レンジにかけて柔らかくし、潰しておく。
- **B** 米粉、オリゴ糖、豆乳、オリーブオイル、白すりごまを混ぜ合わせる（耳たぶくらいの堅さになるように調節）。
- **C** Bの2/3の量を大小の大きさに成形する。残りの1/3の量とかぼちゃを混ぜ合わせ、橙のように黄色い生地にして丸める。
- **D** フライパンにサラダ油を薄く引いて、Cの大小の生地を5〜8分焼いて蒸す。でき上がった大小の生地と橙部分を重ねるときには、接着剤代わりにヨーグルトを使う。

DOLL'S FESTIVAL

ひな祭り

お内裏様とお雛様のおにぎり

POINT

おにぎりの上にうずらの卵をのせて、お好みで黒ごまや海苔で顔を描き、Myお内裏様とMyお雛様を作りましょう！ 襟部分をかにかまで飾ればでき上がり。

ひな祭り

お内裏様とお雛様のおにぎり

いつものおにぎりよりも柔らかくて消化しやすいじゃがいものおにぎり。混ぜる具材は人肌レベルになってからにぎり、ワンコにあげましょう！

難易度 ★★★☆　 所要時間20分

[材 料]

卵……………………1個
水溶き片栗粉………小さじ1
うずらの卵（ゆでてあるもの）
　………………………2個
じゃがいも……………1個
ミックスベジタブル
　……………………大さじ1
合びき肉……………30g
かにかま……………適量
サラダ油……………少々
黒ごま…………………4粒

うずらの卵

How to

A 卵と水溶き片栗粉を混ぜて、薄焼き卵を1枚作る。
B じゃがいもはゆでてマッシュポテトにする。
C 合びき肉と刻んだミックスベジタブルをサラダ油で炒めて、Bのマッシュポテトと混ぜ合わせ、三角形のおにぎりににぎる。薄焼き卵を半分に切り、Cのおにぎりを包む。
D かにかまで飾りつけ＆うずらの卵に黒ごまで目をつけて完成。

THE STAR FESTIVAL

七夕

天の川さわやかゼリー

POINT

夏バテで食欲が低下したワンコ
や、堅いものが苦手なワンコに
重宝するゼリー。水分や栄養が
十分に摂れていないときにもお
すすめです。

七夕

天の川さわやかゼリー

生きるうえでいちばん大切なのが水分。
冷やしたゼリーを熱中症対策に！ のどの
渇きに鈍感になり、水分を摂るのが億劫に
なってしまったシニア犬にも有効な一品です。

難易度 ★★★★☆　🕐 所要時間20分

[材料]

水……………………200ml
粉寒天………………5g
ヨーグルト（無糖）…大さじ2
オリゴ糖……………小さじ1
りんご………………1/8個
ブルーベリー………3粒
レモン汁……………少々

How to

A 粉寒天に水200ml、オリゴ糖を加えて火にかけて溶かす。
B ブルーベリーを潰す。りんごは皮ごとすりおろした後、
　変色しないように少量のレモン汁をかけておく。ヨーグルトも用意。
C 溶かした寒天をプリンカップに3等分にして入れ、それぞれブルーベリー、
　りんご、ヨーグルトと混ぜ合わせる。
D 粗熱が取れたら、冷蔵庫へ。固まったら好きな形に切り、盛りつけて完成。

95

THE HARVEST MOON

十五夜

れんこん餅＆大根餅

POINT

十五夜は丸い食べ物を食べるイベントでもあります。お餅は喉に詰まらせる危険性があるので、すりおろしたれんこん、大根などを丸めてワンコに与えるようにしましょう。

十五夜

れんこん餅＆大根餅

収穫の秋に感謝し、月を愛でる十五夜。ワンコ用に
月見団子を手作りするなら、野菜を加えてみませんか？
桜えび、青のりは彩り豊かなだけでなく、香りが高く、
ワンコの食欲をそそります。

難易度 ★★★☆☆　所要時間15分

[材 料]

れんこん…………………100g
大根………………………100g
片栗粉……………………小さじ2
桜えび……………………適量
青のり……………………適量
ごま油……………………少々

青のり

99

> **How to**

- **A** れんこん、大根はそれぞれすりおろし、ざるなどで水気をきる。
- **B** Aのれんこんと大根に、それぞれ片栗粉を各小さじ1ずつ加え混ぜる。
- **C** れんこんには桜えび、大根には青のりを混ぜて、
  それぞれをお団子に成形する。
- **D** フライパンにごま油を薄く引き、成形したお団子を5分ほど焼いて完成。

HALLOWEEN

ハロウィン

カラフルクッキー

POINT

サクサク、ホロッと、おいしいクッキー。焼きすぎると堅くなったり、温度が低いと粉っぽさが残るので、オーブンで加熱するときは温度に注意を！

101

ハロウィン

カラフルクッキー

サクサクとした軽い食感のクッキー。
ハロウィンにあげるとっておきのおやつ
としてはもちろん、形を変えればしつけや
トレーニング用にも最適です。

難易度 ★★★☆☆ 所要時間15分

[材料]

おからパウダー……… 50g
オリゴ糖………… 小さじ1
オリーブオイル… 小さじ1
豆乳………………… 80ml
黒すりごま………… 適量
紫いも……………… 10g
かぼちゃ…………… 10g

おからパウダー

黒ごま（すりごま）

103

> **How to**

- **A** おからパウダー、オリゴ糖、オリーブオイル、豆乳をすべて混ぜ合わせる。
- **B** Aを3等分した生地に、黒すりごま、湯がいて潰した紫いも・かぼちゃを加え、黒、紫、黄色の生地を作る。
- **C** 好きな形に型抜きをし、200℃に予熱したオーブンで5分ほど焼く。

CHRISTMAS

クリスマス

フレンチトースト風ケーキ

POINT

栄養たっぷりのワンコのクリスマスケーキ。香りづけに少量のバターで焼いたら、ワンコの食欲をそそれます。幼犬や老犬におすすめです。

クリスマス

フレンチトースト風ケーキ

犬のおやつになり、野菜などを入れれば犬のごはんにも応用できるフレンチトースト。豆乳や卵をいっぱい吸った高野豆腐なので栄養もたっぷり。噛む力が弱い老犬にもおすすめ。2回か3回に分けてあげましょう。

難易度 ★★★★☆　所要時間15分

[材料]

高野豆腐…………………1枚
豆乳………………………50ml
卵…………………………1/2個
オリゴ糖…………小さじ1
水切りヨーグルト…大さじ3
いちご……………………2個
ブルーベリー……………3粒
サラダ油…………………少々

A

B

> How to

A 豆乳、卵、オリゴ糖を混ぜ合わせ、高野豆腐が柔らかくなるまでつけておく。
B Aの高野豆腐の厚さを半分に切り分ける。
C フライパンにサラダ油をひき、高野豆腐を焼く。
D 焼いた高野豆腐に水切りヨーグルトを塗る。
E カットしたいちご、ブルーベリーをサンドし、トップにもいちごを飾りつけて完成。

BIRTHDAY

お誕生日

押し寿司風ケーキ

POINT

押し寿司風ケーキの周りを水切りヨーグルトでコーティングしたり、ヨーグルトを絞り出してクリーム風にすると、よりゴージャスに！

お誕生日

押し寿司風ケーキ

押し寿司風はしっかり型に詰めておかないと崩れるので、具をギュウギュウに詰めるのがポイント。にんじん、さやいんげんはレンジ調理でもOKです。犬種にもよりますが、与えるときは犬の口の大きさに合わせましょう。

難易度 ★★★☆☆ 所要時間20分

[材料]

合びき肉……………10g
じゃがいも…………1/2個
にんじん……………5g
さやいんげん………1本
スライスチーズ……1枚
サラダ油……………適量

> **How to**

A 合びき肉はサラダ油をひいたフライパンで炒める。
B じゃがいもはゆでてマッシュポテトにして、3等分にする。
C にんじん、さやいんげんはみじん切りにし、サラダ油でそれぞれ炒める。
D マッシュポテト→にんじん→マッシュポテト→さやいんげん→マッシュポテト→合びき肉→マッシュポテトの順で型に押し詰めていく。最後にスライスチーズをのせて、型で抜く。最後に、にんじんとさやいんげんを飾る。

check 1 ワンコの 適正体型を把握しよう!

ワンコの体を見たり触ったりして、体型を5段階で評価する方法をBCS（ボディコンディションスコア）といいます。ポイントは、肋骨と腰です。犬種や体格によって若干の違いはありますが、5段階評価の「スコア3」の理想的な体型を目指してコントロールしましょう。

体型CHECKリスト

- ☑ 横から見て、ウエスト部のくびれをチェック。
- ☑ 真上から見て、腰のくびれ具合をチェック。
- ☑ 肋骨がなでて触れるかをチェック。
- ☑ ウエスト部に触れてくびれ具合をチェック。
- ☑ 背骨の突起、腰骨を触れられるかをチェック。

BCS 1 痩せ

肋骨、腰椎、骨盤が外から容易に見える。

BCS 2 やや痩せ

肋骨が容易に触れる。上から見て腰のくびれが顕著。

BCS 3 理想的

過剰な脂肪がなく、肋骨が触れる。横から見て腹部がつり上がっている。

BCS 4 やや肥満

脂肪の沈着は多いが肋骨は触れる。上から見て腰のくびれが顕著ではない。

BCS 5 肥満

厚い脂肪に覆われて肋骨が容易に触れない。腰のくびれがほとんど見られない。腹部のつり上がりも見られない。

出典：「飼い主のためのペットフード・ガイドライン～犬・猫の健康を守るために～」環境省

check 2 体調CHECKリスト

Check 1 　耳
- [x] 耳垢や臭いはありませんか？
- [x] 耳が冷えていないですか？

Check 2 　目
- [x] 涙目や充血はないですか？
- [x] 目ヤニが多くないですか？

Check 3 　鼻
- [x] 日中、鼻が湿っていますか？
- [x] 鼻に分泌物が出ていないですか？

Check 4 　口
- [x] 口臭が出ていませんか？
- [x] 硬い歯石は溜まっていませんか？
- [x] 歯茎はきれいなピンクをしていますか？

Check 5 　皮膚と毛
- [x] 毛づやはありますか？
- [x] フケや皮膚の赤み、ただれ、べたつきなどはないですか？
- [x] 体にしこりはないですか？
- [x] 普段と違う臭いがしたり、体臭が強くなっていないですか？

健康な愛犬でいてもらうためには「予防」こそすべて。
毎日のお散歩の前後やブラッシングのときに、体調チェックをする
習慣をつけましょう。気になることは放っておかず、
獣医師に診てもらいましょう。

Check 6　便・尿

- ☑ 便、尿がしっかり出ていますか？
- ☑ 便はバナナ程度の柔らかさのものが出ていますか？
- ☑ 生臭いなどの悪臭が便からしませんか？
- ☑ 尿の回数や量、色（薄い黄色）、臭いはいつもと変わらないですか？
- ☑ 尿にキラキラしたものが混ざっていませんか？

旬の季節を知る食材表

ワンコの健康維持には、食材をローテーションすることが大切。旬のものは栄養価が高いので、積極的に取り入れましょう。肉や魚のたんぱく質を中心に、ビタミン、ミネラル、脂質、炭水化物も必要です。トータルに見て、炭水化物は人間と比べると、消化しにくいので与えすぎに注意を。

肉食材

豚肉　平性

たんぱく質、脂質、ビタミンB1・B3

疲労回復や体の調子を整える働きがあり、ビタミンB3も豊富なので血流改善に。脂はできるだけ与えず、必ず火を通すこと。

春 夏 秋 冬 土

牛肉　平性

たんぱく質、脂質、アラキドン酸、ビタミンB群、鉄分、亜鉛

鉄分が豊富なので貧血予防に。また、アラキドン酸が含まれるので、体や脳の活性化にもおすすめ。

春 夏 秋 冬 土

鶏肉　温性

たんぱく質、脂質、ビタミンA・B2・B3

食欲不振、体力回復に有効。ささ身は高たんぱく質の割に低カロリーだがリンが多いため、摂りすぎに注意！

春 秋 冬 土

温める 〉 熱性 〉 温性 〉 微温性 〉 平性 〉 微涼性 〉 涼性 〉 微寒性 〉 寒性 〉 冷やす

熱性 温性 微温性 体を温める性質。温は穏やかに体を温め、熱は温よりも強く温めます。 平性 中間の性質。体を温めも冷やしもしないので、長期に食べても偏りません。 微涼性 涼性 微寒性 寒性 体の熱を冷ます性質。涼は穏やかに体の熱を冷まし、寒は涼よりも強く体を冷やします。体に熱がこもりやすい体質や炎症があるとき、暑い時季に適しています。

春 春が旬　夏 夏が旬　秋 秋が旬　冬 冬が旬　土 土用が旬

馬肉　寒性

たんぱく質、カルシウム、鉄分

鉄分が多いので貧血予防に。ただし、体を冷やす作用が強いため、高齢犬や慢性疾患の子は控えて。

春　夏

羊肉　熱性

たんぱく質、ビタミンB1・B2・E、L-カルニチン

体を温める効果が。L-カルニチンが豊富で脂肪燃焼を促進。低カロリーなのでダイエットにもおすすめ。

冬

鹿肉　温性

たんぱく質、ビタミンB2、鉄分

体を温め、足腰を丈夫にする食材。鉄分が多く、貧血にもおすすめ。低脂肪の割に高たんぱく質。

冬

魚食材

あじ 〔温性〕
たんぱく質、EPA・DHA、ビタミンB群・D

良質のたんぱく質が豊富。DHA・EPAも多く含まれている。

夏 土

さんま 〔平性〕
たんぱく質、EPA・DHA、ビタミンB12・D

DHA・EPAが豊富。鉄分などのミネラルやビタミンB12も豊富。

秋 土

すずき 〔平性〕
たんぱく質、ビタミンA・D

高たんぱく質・低脂肪でビタミンDが豊富。骨の形成を促す働きも。

夏 土

あゆ 〔温性〕
たんぱく質、カリウム、カルシウム、リン

リンやカルシウム、マグネシウムなどのミネラルが豊富。

夏 土

いわし 〔温性〕
たんぱく質、EPA・DHA、タウリン、ビタミンD、カルシウム

カルシウム＆ビタミンDを含むため、骨密度低下の予防にも。

土

かれい 〔平性〕
たんぱく質、コラーゲン、ビタミンB2・B3・D、タウリン

タウリンが豊富。たんぱく質を多く含んでおり、脂肪分は少ない。

冬

ぶり　　温性

たんぱく質、EPA・DHA、ビタミンB群・D

炎症抑制のDHA・EPAと皮膚の健康を保つビタミンB3で、皮膚病対策に！

冬

まぐろ　　温性

たんぱく質、鉄分、EPA・DHA、タウリン

DHA・EPA含有。赤身はたんぱく質、トロは脂質が豊富。鉄分も◎。

秋　冬

うなぎ　　平性

たんぱく質、ビタミンA・B1・B2、カルシウム、亜鉛

脂質とたんぱく質が多く、ビタミン・ミネラルを豊富に含む高カロリーの魚。

土

さば　　温性

たんぱく質、ビタミンB2・B6・D、EPA・DHA

脂質が豊富。DHA・EPAの含有量は青魚の中で群を抜く。

秋

たい　　平性

たんぱく質、タウリン、ビタミンB1

低脂肪・高たんぱく質。疲労回復効果や新陳代謝促進にも効果あり。

春　冬

かつお　　平性

たんぱく質、EPA・DHA、ビタミンB群、鉄分、亜鉛、タウリン

タウリンが豊富で肝機能を高める働きが。脂肪分が多いのは戻りがつお。

春（初がつお）　秋（戻りがつお）

鮭　　温性

たんぱく質、EPA・DHA、アスタキサンチン

強い抗酸化力を持つアスタキサンチンを豊富に含む。

秋　冬

たら　　平性

たんぱく質、グルタチオン、ビタミンB12・D

低脂肪・高たんぱく質。腰痛などの末梢神経を回復させるビタミンB12も！

冬

野菜＆きのこ＆豆食材

さつまいも 平性

ビタミンC、炭水化物、食物繊維、カリウム

胃腸の働きを高めて気力を補う。便秘改善にも役立つ。

秋 土

きゅうり 寒性

β-カロテン、ビタミンC、カリウム

体内の熱と余分な水分を取り、ほてりやのどの渇き、むくみに効果大。

夏 土

ほうれん草 涼性

鉄分、ビタミンC、β-カロテン

鉄分が豊富。ビタミンCと一緒に摂ると吸収率がアップ。

冬

黒豆 平性

たんぱく質、アントシアニン、鉄分

余分な水分を排泄し、解毒作用があり、全身のむくみ解消にも期待。

冬

まいたけ 微温性

ビタミンB2・D、マイタケDフラクション

コレステロールの抑制や免疫の活性化、血糖値の上昇を抑える働きが。

秋

ブロッコリー 平性

β-カロテン、ビタミンC・E・K・Q、葉酸

レモンの3.5倍のビタミンC、発がん性物質の活性を妨げる期待の成分も。

冬

※豆類、根菜類はよく火を通す。さつまいも、ほうれん草、ブロッコリーはシュウ酸を含むので別にゆでて使う。
なす、レタスはシュウ酸結石を抱えている子はゆでこぼして使う。

レタス 　涼性

食物繊維、ビタミンC、カリウム

体の余分な熱を冷ます。利尿作用、母乳の出をよくする、血を補う働きが。

(春)(夏)

かぶ 　温性

アミラーゼ、ビタミンC、カリウム

アミラーゼという消化酵素が胃もたれや胸やけを解消、整腸効果も。

(春)(秋)

かぼちゃ 　温性

炭水化物、β-カロテン、ビタミンC、カリウム

胃を丈夫にして体力をつける力がある。さらに解毒作用も！

(夏)(土)

なす 　涼性

カリウム、ポリフェノール

解熱作用がある。利尿作用もありむくみも取る。

(夏)

大豆 　平性

たんぱく質、イソフラボン、カリウム

利尿作用でむくみを取り除く。食欲不振、体の重だるさなどに効果がある。

(秋)(冬)

キャベツ 　平性

ビタミンC・K・U、ジアスターゼ

胃と腎の働きを良くする。ビタミンUは胃粘膜の働きを整える作用も。

(春)(冬)

※豆類、根菜類はよく火を通す。
　里いもはシュウ酸を含むので別にゆでて使う。

冬瓜　微寒性

ビタミンC、カリウム

体内の余分な熱を冷まし、カリウムによる利尿効果でむくみを解消。

(夏) (土)

里いも　平性

ガラクタン、ムチン、カリウム、ビタミンB1

消化をしやすく、ぬめり成分が胃腸の粘膜保護に役立つ。

(秋)

えのきたけ　涼性

ビタミンB1・B2、β-グルカン

元気を補い、肺を潤す、乾燥の季節には欠かせない。痰を除く作用も。

(秋) (冬) (土)

セロリ　涼性

食物繊維、ビタミンB1・B2・U、カリウム

抗酸化力の強い食材。利尿作用があり、むくみの解消にも。

(春) (冬)

白いんげん豆　平性

たんぱく質、カリウム、カルシウム、鉄分、亜鉛

弱っている消化器の働きを整え、疲れ・めまい・食欲不振・下痢に効果あり。

(秋)

じゃがいも　平性

炭水化物、カリウム、ビタミンC、食物繊維

ビタミンCはりんごの5倍！　カリウムも豊富なのでむくみ解消にも。

(夏)

野菜＆きのこ＆豆食材

栗　温性

ビタミンB1・C、カリウム、タンニン

弱っている消化器の働きを高め、下痢を止める。貧血対策にも。

秋

モロヘイヤ　涼性

β-カロテン、ビタミンC・E、カルシウム

豊富な食物繊維が腸内を掃除。活性酸素除去効果も！

夏

小豆　平性

たんぱく質、ポリフェノール、カリウム、鉄分

体内の余分な水分を取り除き解毒作用がある。むくみ・疲れ・便秘に！

夏

オクラ　平性

食物繊維、β-カロテン、カルシウム、カリウム

弱っている消化器の働きを整え、消化を促進。食欲不振、便通改善に。

夏

トマト　微寒性

クエン酸、リンゴ酸、リコピン、β-カロテン

解毒・解熱作用があり、血をきれいにし、肝臓の働きをよくする効果も！

夏

白菜　平性

ビタミンC、カルシウム、カリウム

消化酵素が豊富。利尿作用もあるので、熱冷ましとしても使用できる。

冬

緑豆　　涼性

たんぱく質、カリウム、イソフラボン

体の余分な水分とともに、熱も排出。緑豆春雨でもOK。

(春)

ごぼう　　寒性

食物繊維、カリウム、カルシウム、マグネシウム

食物繊維が豊富。発がん物質などの有害物質を体外に排出する働きも！

(秋)(冬)

枝豆　　平性

たんぱく質、メチオニン、カリウム、鉄分

体の余分な熱と水分を出す。豊富なメチオニンで肝臓サポートも。

(夏)

にんじん　　平性

β-カロテン、カリウム

カロテンは皮に多く含まれているので、皮をむかずに与える。

(春)(夏)(冬)

青梗菜　　平性

β-カロテン、ビタミンC、カリウム

熱を取り除き、血液の流れを整える働きも。ビタミンも豊富。

(秋)(冬)

春菊　　涼性

β-カロテン、カリウム、カルシウム、鉄分

自律神経に作用し、胃腸の働きをよくし、便秘や胃もたれを改善する。

(春)(冬)

小松菜　　平性

β-カロテン、ビタミンC、カルシウム、鉄分、カリウム

カルシウムの含有量が多く、ワンコのストレスやイライラを緩和。

(春)(冬)

カリフラワー　　平性

ビタミンC、カリウム、食物繊維

脳の働きを活性化させるほか、食物繊維を多く含むため、便秘解消にも！

(冬)

れんこん　　平性

ビタミンC、カリウム、カルシウム、タンニン

胃腸の働きを改善し、食欲を整える。貧血予防にも。

(秋)(冬)

※豆類、根菜類はよく火を通す。

野菜＆きのこ＆豆食材

ヤングコーン 平性

炭水化物、不飽和脂肪酸、ビタミンB1・E、鉄分

体の余分な水分とともに、熱も排泄する。鉄分も豊富なので貧血予防にも！

夏

しめじ 涼性

食物繊維、ビタミンB1・B2・D、オルニチン

オルニチンがしじみの7倍！ 肝臓をサポートしデトックス強化。

秋

ズッキーニ 寒性

カリウム、ビタミンB群・K、β-カロテン

体の余分な熱と水分を出す。豊富なビタミンB群で疲労回復にも。

夏

長いも 平性

炭水化物、カリウム、ムチン、アミラーゼ

豊富な消化酵素で胃腸の負担を軽減。疲労回復にも。

秋

もやし 寒性

カルシウム、カリウム、ビタミンC

体の余分な熱や水分を取り除くので、夏バテ・むくみの解消に。

春 夏 秋 冬 土

大根 涼性

ビタミンC、アミラーゼ

豊富な消化酵素で、胃腸の負担軽減。痰を除く作用や咳止めの作用も。

秋 冬

アスパラガス 微涼性

アスパラギン酸、ルチン、カリウム

疲労回復や新陳代謝を活発にするアスパラギン酸を多量に含む。

春

しいたけ 平性

食物繊維、エリタデニン、ビタミンB1・B2・D

食物繊維で腸の掃除を。エリタデニンによる血流改善が期待できる。

春 秋

菜の花 温性

β-カロテン、葉酸、カリウム、カルシウム、鉄分

豊富な葉酸・鉄分で貧血予防に。β-カロテンで、感染症予防にも。

春

食のコミュニケーションで、
愛犬も飼い主も、もっと幸せに！